Ernst Probst

Dromornis

Der schwerste Vogel aller Zeiten

GRIN Verlag

Impressum:

Copyright © 2014 GRIN Verlag GmbH
Druck und Bindung: Books on Demand GmbH, Norderstedt Germany
ISBN: 978-3-656-75528-9

Ernst Probst

Dromornis

Der schwerste Vogel aller Zeiten

*Allen Ornithologen und Paläornithologen
gewidmet*

Donnervogel (Genyornis newtoni) aus Australien, Lebensbild von Nobu Tamura, http://spinops.blogspot.com

Vorwort

Gefiedertes Schwergewicht

Der schwerste Vogel, den es jemals auf der Erde gab, hat im Miozän vor etwa 8 bis 6 Millionen Jahren in Australien gelebt. Er trägt den Namen Stirton-Donnervogel, wird zur Art *Dromornis stirtoni* gerechnet, war bis zu 2,80 Meter hoch und wog zu Lebzeiten maximal 570 Kilogramm. Dieser gefiederte Rekordhalter steht im Mittelpunkt des Taschenbuches „Dromornis – Der schwerste Vogel aller Zeiten". Donnervögel werden weltweit auch Riesen-Emus oder regional auf dem „Fünften Kontinent" Mihirungs genannt. Der Begriff Mihirungs oder Mihirung-Vogel stammt aus der Sprache der Tjapwurong-Aborigines in Western Victoria, die in ihren Legenden solche Riesen-vögel als „mihirung parnmal" bezeichneten. Über die Ernährungswei-se des Stirton-Donnervogels sind sich die Experten noch nicht einig. Verfasser des Taschenbuches „Dromornis – Der schwerste Vogel aller Zeiten" ist der Wiesbadener Wissenschaftsautor Ernst Probst, der zahl-reiche Werke über urzeitliche Tiere geschrieben hat. Darin werden au-ßer *Dromornis* auch andere Gattungen der Donnervögel wie *Bara-wertornis, Bullockornis, Genyornis* und *Ilbandornis* vorgestellt.

Stirton-Donnervogel (Dromornis stirtoni)
aus dem Obermiozän vor etwa 8 bis 6 Millionen Jahren
in Australien,
Lebensbild von Nobu Tamura
http://spinops.blogspot.com

Der schwerste Vogel aller Zeiten

Dromornis

Der Stirton-Donnervogel *(Dromornis stirtoni)* aus dem Obermiozän vor etwa 8 bis 6 Millionen Jahren in Australien gilt mit einem Lebendgewicht von schätzungsweise maximal 570 Kilogramm als der schwerste Vogel der Erdgeschichte. Und dies, obwohl er mit einer Höhe bis zu 2,80 Metern nicht der größte Vogel aller Zeiten war. An Höhe übertrafen den Stirton-Donnervogel beispielsweise weibliche Tiere der bis zu 3,60 Meter großen Riesen-Moa *Dinornis robustus* und *Dinornis novaezealandiae* auf Neuseeland sowie der bis zu 3 Meter hohe Elefantenvogel *Aepyornis maximus* auf der Insel Madagaskar vor Ostafrika. Die schlanker gebauten *Dinornis robustus* und *Dinornis novaezealandiae* erreichten nur ein Lebendgewicht bis zu knapp 280 Kilogramm. Der maximal 3 Meter hohe Elefantenvogel *Aepyornis maximus* brachte es auf schätzungsweise bis zu 450 Kilogramm. Mit einem Lebendgewicht von ungefähr 400 Kilogramm konnte der bis zu 2,80 Meter hohe *Brontornis burmeisteri* aus Südamerika aufwarten.
Die erste wissenschaftliche Beschreibung des Stirton-Donnervogels erfolgte 1979 durch die 1944 in Kalifornien geborene, heute australische Paläontologin Patricia („Pat") Vickers-Rich. Mit dem Artnamen *stirtoni* ehrte sie den amerikanischen Paläontologen Ruben Arthur Stirton (1901–1966), genannt „Stirt". Dieser hatte ab 1953 in Australien an Ausgrabungen teilgenommen und in Zusammenarbeit mit dem „South Australian Museum" in Adelaide etliche Faunen aus dem Tertiär (66 bis 2,3 Millionen Jahre), einschließlich primitiver Mitglieder mehrerer Beuteltier-Familien, entdeckt.
„Pat" Vickers-Rich war 1976 mit ihrem amerikanischen Ehemann Thomas H. Rich nach Australien gekommen, wo sie fossile Vögel

*Australische Paläontologin Patricia („Pat") Vickers-Rich,
Zeichnung von Antje Püpke, Berlin, www.fixebilder.de*

Amerikanischer Paläontologe
Ruben Arthur Stirton (1901–1966), genannt „Stirt"

*Skelettrekonstruktion des Stirton-Donnervogels
(Dromornis stirtoni) aus Australien*

untersuchte. Ab 1984 grub sie mit ihrem Mann regelmäßig nach Dinosauriern und anderen Urzeittieren in den Küstenklippen von Victoria an der Südspitze von Australien. Das Ehepaar Patricia Vickers-Rich und Thomas Hewitt Rich untersuchte und benannte auch die in Australien entdeckten Dinosaurier *Leaellynasaura* (1989), *Timimus* (1993), *Atlascopcosaurus* (1989), *Quantassaurus* (1999) und *Serendipaceratops* (2003). *Leaellynasaura* und *Timimus* („Tims Nachahmer") bezeichneten sie nach ihren Kindern Leaellyn und Tim, *Quantassaurus* nach der australischen Fluggesellschaft „Quantas". An der „Monash University" in ‚Melbourne leitete „Pat" Vickers- Rich 1992/1993 die Fakultät für Geowissenschaften. 1993 gründete sie das „Monash Science Center". 1995 wurde sie Professor mit persönlichem Lehrstuhl.

Im englischen Sprachraum wird der Stirton-Donnervogel als „Stirton's Thunder Bird" („Stirton's Donnervogel") bezeichnet. Fossile Reste jenes Laufvogels hat man vor allem aus den „Alcoota Fossil Beds" nahe der Bahnstation „Alcoota Station" in Zentralaustralien, etwa 200 Kilometer nordöstlich von Alice Springs, gefunden. Dort kamen auch Knochen der Donnervögel *Ilbandornis lawsoni* und *Ilbandornis woodburnei* sowie vom Beutellöwen *Thylacinus potens,* Alcoota-Beutelwolf *Wakaleo alcooteansis* und von urtümlichen Beuteltieren zum Vorschein.

Der Stirton-Donnervogel gehört zur Ordnung der Gänsevögel (Anseriformes) und zur Familie der flugunfähigen Donnervögel (Dromornithidae). Die Erstbeschreibung der Anseriformes erfolgte 1831 durch den in Nürnberg geborenen Zoologen und Herpetologen Johann Georg Wagler (1800–1832). Er war ab 1826 Direktor des zoologischen Museums der „Ludwig-Maximilians-Universität" in München und untersuchte das umfangreiche Material, das sein Vorgänger Johann Baptist Ritter von Spix (1781–1826) aus Brasilien mitgebracht hatte. Wagler starb früh im Alter von 32 Jahren in Moosach (München) an einer Schussverletzung, die er sich versehentlich selbst bei der Vogeljagd zugefügt hatte.

*Deutscher Zoologe und Herpetologe
Johann Georg Wagler (1800–1832)*

Die wissenschaftliche Erstbeschreibung der Familie Dromornithidae (Donnervögel) erfolgte 1825 durch den irischen Zoologen, Ornithologen und Politiker Nicholas Ayward Vigors (1785–1840). Ein Jahr später gründete er zusammen mit Sir Thomas Stamford Raffles (1781–1826), George Eden, 1. Earl of Auckland (1784–1849), Sir Humphry Davy (1778–1829) und Joseph Sabine (1770–1837) die „Zoological Society of London" („ZSL"). Bis 1833 fungierte er als erster Sekretär der „ZSL". 1826 wurde der Mitglied der „Royal Society" und später der „Linnean Society of London". 1828 übernahm er das Gut seines verstorbenen Vaters. Insgesamt schrieb Vigors mehr als 40 Werke, von denen sich die meisten mit Ornithologie befassten. Von 1832 bis zu seinem Tod vertrat er als gewählter Abgeordneter verschiedene Wahlkreise im County Carlow (Contae Cheatharlach) im britischen Unterhaus.

Zur Familie der Donnervögel gehören fünf Gattungen (*Barawertornis, Bullockornis, Dromornis, Genyornis, Ilbandornis*) mit insgesamt sieben Arten: *Barawertornis tedfordi, Bullockornis planei, Dromornis australis*, der Stirton-Donnervogel *Dromornis stirtoni, Genyornis newtoni* sowie *Ilbandornis lawsoni* und *Ilbandornis woodburnei*.

Donnervögel existierten vom Oberoligozän vor etwa 25 Millionen Jahren bis zum Eiszeitalter vor rund 11.000 Jahren in Australien und Tasmanien. Man bezeichnet sie weltweit auch als Riesen-Emus oder regional in Australien als Mihirungs. Der Begriff Mihirungs oder Mihirung-Vögel stammt aus der Sprache der Tjapwurong-Aborignes in Western Victoria, die in ihren Legenden solche Riesenvögel „mihirung parnmal" nannten. Angeblich kamen die Mihirungs zu einer Zeit vor, in der Vulkane in westlichen Teilen von Victoria ausbrachen.

Der Schädel des Stirton-Donnervogels erreichte eine beachtliche Länge bis zu 52 Zentimetern. Dieser Schädel war etwa um ein Viertel größer als derjenige des zweitgrößten Donnervogels *Bullockornis planei*. Wie bei dem bis zu mehr als 2 Meter hohen Laufvogel *Gastornis* aus dem Paläozän vor etwa 62 Millionen Jahren bis zum Eozän vor 41 Millionen

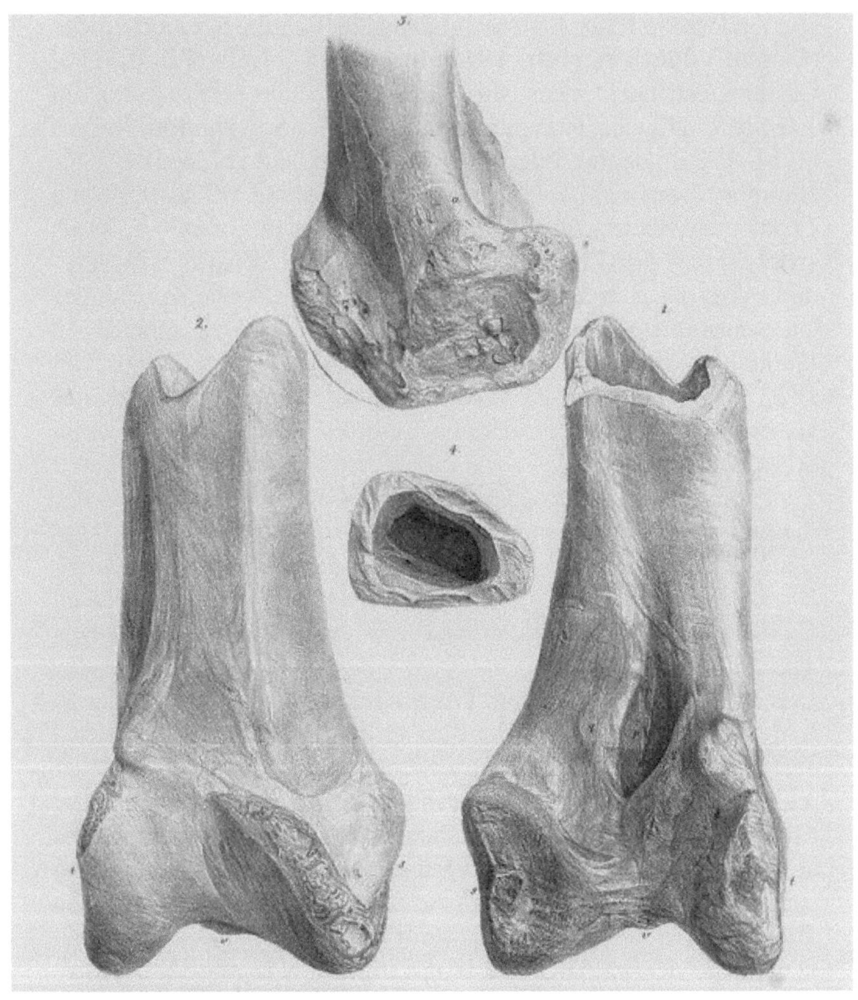

Oberschenkelknochen Dromornis australis. Anhand dieses Fundes hat 1872 der britische Paläontologe Richard Owen (1804–1892) erstmals die Art Dromornis australis wissenschaftlich beschrieben.

Jahren ist der Schnabel des Stirton-Donnervogels hochgewölbt und im Vergleich zum Rest des Schädels sehr groß. Im Unterschied zu anderen Donnervögeln sind bei *Dromornis* und bei *Bullockornis* der erste Halswirbel (Atlas) und der zweite Halswirbel (Axis) zu einem einzigen Knochen zusammengewachsen. Ein unterer Halswirbel hatte eine Breite von 16,5 Zentimetern und eine Länge von 12 Zentimetern. Beim Brustbein übertraf die Breite das Maß der Länge.

Als Lebensraum des Stirton-Donnervogels gilt das offene subtropische Waldland im Norden von Australien. Möglicherweise hatte dieser Vogel eine räuberische Lebensweise. Es heißt aber auch, mit seinem großen papageienartigen Schnabel habe er Nüsse knacken können.

Bullockornis

Als zweitgrößte Art aus der Familie der flugunfähigen Donnervögel in Australien gilt *Bullockornis planei* aus dem Mittelmiozän vor 16 bis 11,6 Millionen Jahren. Diese Spezies erreichte eine Höhe von 2 bis eventuell 2,80 Metern und ein Lebendgewicht von schätzungsweise maximal 300 Kilogramm. Merklich schwerer war – wie erwähnt – der bis zu 2,80 Meter hohe Stirton-Donnervogel *(Dromornis stirtoni)* aus dem Obermiozän vor etwa 8 bis 6 Millionen Jahren aus Australien, der es auf schätzungsweise 570 Kilogramm brachte.

Bullockornis planei wurde 1979 von der australischen Paläontologin Patricia („Pat") Vickers-Rich erstmals wissenschaftlich beschrieben. Typusexemplar ist ein rechter Oberschenkelknochen (Femur), der so groß wie derjenige eines heutigen Strauß ist. Der Gattungsname *Bullockornis* („Bullock-Vogel") erinnert an den Fundort Bullock Creek im Northern Territory von Australien. Mit dem Artnamen *planei* wird der australische Paläontologe Michael Plane geehrt, der 1968 zusammen mit C. Gatehouse die Fundlokalität Bullock Creek beschrieb.

Bullock Creek nahe der Bahnstation „Camfield Station" liegt etwa 550 Kilometer südöstlich der australischen Großstadt Darwin. Dabei handelt

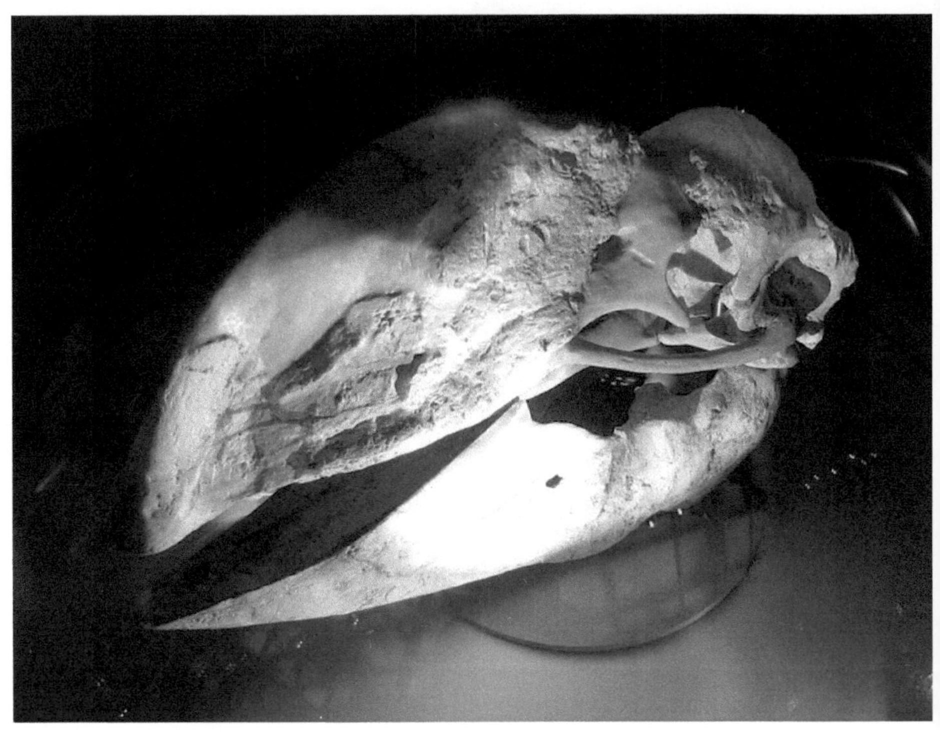

Schädel des Donnervogels
Bullockornis planei

es sich um eine von drei bedeutenden Fundstellen von Wirbeltieren (Vertebrata) im Northern Territory. Als Wirbeltiere bezeichnet man Tiere, die eine Wirbelsäule besitzen. Die beiden anderen Wirbeltier-Fundstellen sind die „Alcoota Fossil Beds" bei „Alcoota Station" und „Kangaroo Station" bei „Deep Well Station".

Die so genannte „Bullock Creek Local Fauna" gilt als Teil der „Camfield Fossil Beds", die sich als schmaler Gürtel ungefähr 50 Kilometer weit dahinziehen und deren Fossilien in das Mittelmiozän vor etwa 12 Millionen Jahren datiert werden. Funde von Bullock Creek gehören zu den am besten erhaltenen Fossilien in Australien. Manche davon wurden durch Manganoxide schwarz oder blau-grau gefärbt, andere sind weiß oder cremefarbig.

Zur Tierwelt von Bullock Creek gehörten außer dem Donnervogel *Bullockornis planei* auch das Krokodil *Baru darrowi*, das frühe Känguru *Nambaroo bullockensis*, die Schildkröte *Meiolania brevicollis*, der Beutellöwe *Wakaleo* und der Beutelwolf *Nimbacinus*. Das Krokodil *Baru darrowi* war bis zu 5 Meter lang. Die Schildkröte *Meiolania* („Kleiner Wanderer") besaß einen ungewöhnlich geformten Schädel mit vielen knaufartigen und hornähnlichen Fortsätzen. *Meiolania* existierte vom Mittelmiozän vor ungefähr 12 Millionen Jahren bis in die Heutzeit vor rund 3.000 Jahren und brachte bis zu 2,50 Meter große Tiere hervor. Der Beutellöwe *Wakaleo* hatte etwa die Maße eines Dingo (Wildhund), der eine Höhe bis zu 60 Zentimetern und von der Kopfspitze bis zur Schwanzspitze eine Länge von nahezu 1,20 Metern erreicht. Der Beutelwolf *Nimbacinus* war etwa so groß wie ein heutiger Fuchs.

Nach 1998 publizierten Fossilien zu schließen, besaß *Bullockornis planei* einen außergewöhnlich wuchtigen, mit einer ausgeprägten Muskulatur versehenen Kopf. Zusammen erreichten Kopf und Schnabel eine Länge von etwa einem halben Meter. Der lange und hohe Schnabel war groß genug, um einen heutigen Fußball darin zu verbergen. Dies ist sehr aufschlussreich. Denn der Schnabel von Vögeln ist so dimensioniert, dass er die größte seiner Nahrung aufnahmen kann. Wie

*Lebensgroße Statuen von Bullockornis
im Kings Park in der australischen Großstadt Perth*

beim in Europa und Nordamerika vom Mittleren Paläozän vor 62 Millionen Jahren bis zum Mitteleozän vor 41 Millionen Jahren vorkommenden Laufvogel *Gastornis* war der Schnabel von *Bullockornis planei* hochgewölbt und im Vergleich zum Rest des Schädels auffällig groß. Die Augen von *Bullockornis planei* waren relativ klein.

Der australische Paläontologe Stephen Wroe vermutet, *Bullockornis planei* sei im Unterschied zu seinen pflanzenfressenden Verwandten ein Fleisch- oder Aasfresser gewesen. Auf seinem Speisezettel hätten vielleicht sogar Wombats gestanden. Wombats gehören zur Familie der Beutelsäuger (Metatheria) und sind höhlengrabende Pflanzenfresser mit bärenähnlichem Aussehen. Heutige Wombats erreichen eine Kopf-Rumpf-Länge von 70 bis 120 Zentimetern und ein Gewicht von 20 bis 40 Kilogramm.

Auf Lebensbildern sieht *Bullockornis planei* manchmal wie eine riesige räuberische Ente aus. In einer Dokumentation der „British Broadcasting Corporation" („BBC") mit dem Titel „Monsters We Met" („Menschen gegen Monster") wurde ein Donnervogel als „The Demon Duck of Doom" („Dämonische Ente des Verderbens") bezeichnet.

Im Kings Park in der australischen Großstadt Perth sind zwei lebensgroße Statuen von *Bullockornis* aufgestellt. Eine reckt ihren Kopf in den Himmel, die andere sieht so aus, als würde sie etwas am Boden fressen wollen.

Ilbandornis

Ähnlich groß wie ein heutiger Strauß soll der Donnervogel *Ilbandornis* gewesen sein. Männliche Strauße aus der Gegenwart erreichen eine Höhe bis zu 2,50 Metern und ein Gewicht von maximal 135 Kilogramm. Heutige weibliche Strauße sind bis zu 1,90 Metern hoch und bis zu 110 Kilogramm schwer. Auch *Ilbandornis* wurde 1979 von der australischen Paläontologin Patricia Vickers-Rich erstmals wissenschaftlich beschrieben. Der Gattungsname *Ilbandornis* ist aus

Ausgrabung in den „Alcoota Fossil Beds"
nahe der Bahnstation „Alcoota Station"in Zentral-Australien

dem Wort „Ilbanda" aus der Sprache der Aborigines und dem griechischen Wort „ornis" zusammengesetzt. Zu dieser Gattung gehören die Arten *Ibandornis lawsoni* und *Ilbandornis woodburnei*. Der Artname *lawson* erinnert an Paul F. Lawson, den Teilnehmer vieler australisch-amerikanischer Expeditionen seit den frühen 1950-er Jahren. Mit dem Artnamen *woodbornei* wurde Michael Woodborne geehrt, der zusammen mit John E. Mawby und J. E. Ferguson fossile Reste von Donnervögeln ausgegraben hatte. Die beiden *Ilbandornis*-Arten kamen am gleichen Fundort zum Vorschein. Dabei handelt es sich um die „Alcoota Fossil Beds" nahe der Bahnstation „Alcoota Station" in Zentral-Australien, etwa 200 Kilometer nordöstlich von Alice Springs entfernt. Die „Alcoota Fossil Beds" gelten als eine wichtige Wirbeltier-Fundstelle, deren Fossilien wertvolle Erkenntnisse über die Evolution, die Tierwelt und das Klima im Northern Territory von Australien erlauben. Offenbar hatten sich dort während Trockenzeiten zahlreiche Tiere an immer mehr zusammenschrumpfenden Seen versammelt und waren dort gestorben. Die in den „Alcoota Fossil Beds" erhaltenen gebliebenen Fossilien stammen aus dem Obermiozän vor etwa 8 Millionen Jahren.

Lange Zeit wussten nur Einheimische von diesen Fossilien. Erst ab 1962 nahm die Wissenschaft von ihnen Notiz. In der Folgezeit kam es zu sporadischen Ausgrabungen. 1984 startete die „Museum and Art Gallery" des Northern Territory alljährliche Ausgrabungen. 1988 errichtete man dort eine ständige Forschungsstation. Knochen und teilweise Zähne von Krokodilen, Vögeln und Beuteltiere liegen in den „Alcoota Fossil Beds" in bis zu 1 Meter mächtigen und 170 Meter langen Linsen dicht aufeinander. Deswegen ist es oft sehr schwierig, ein Fossil auszugraben, ohne ein anderes zu beschädigen. Die Fossilien stammen beispielsweise vom Stirton-Donnervogel *(Dromornis stirtoni)*, von den Donnervögeln *Ilbandornis lawsoni* und *Ilbandornis woodburnei*, vom wolfsgroßen Beutellöwen *(Thylacinus potens)*, vom leopardengroßen Alcoota-Beutelwolf *(Wakaleo alcootensis)*, vom schafgroßen wombatähnlichen Beuteltier *(Kolopsis torus)*, vom

Donnervogel Genyornis newtoni,
Zeichnung von Nobu Tamura, http://spinops.blogspot.com

Beuteltier (*Plaisiodon centralis)*, vom tapirähnlichen Beuteltier *(Palorchestes painei)* mit Rüssel und vom Beuteltier *(Pyramio alcostense).*

Genyornis

Kleiner als *Dromornis stirtoni* und *Bullockornis planei* war der mittelgroße Donnervogel *Genyornis newtoni* aus dem Eiszeitalter vor etwa 126.000 bis 40.000 Jahren in Australien. Dieser Vogel erreichte eine Höhe bis zu 2,25 Metern und ein Lebendgewicht von schätzungsweise maximal 290 Kilogramm. In der Literatur sind aber auch andere Angaben über die Höhe und das Lebendgewicht zu finden. So ist auch von einem Lebendgewicht von nur 220 bis 240 Kilogramm die Rede. *Genyornis* gilt als der einzige Donnervogel, der noch im Eiszeitalter vorkam.

Die wissenschaftliche Erstbeschreibung von *Genyornis newtoni* erfolgte 1896 durch den australischen Anthropologen Edward Charles Stirling (1848–1919) und den aus Schleswig-Holstein stammenden Ornithologen Amandus Heinrich Christian Zietz (1839–1921), der 1884 die Vogelabteilung des „South Australian Museum" in Adelaide übernommen hatte. Stirling und Zietz hatten 1893 am Salzsee Lake Callabonna fossile Reste eines Riesenbeuteltieres und eines großen straußenartigen Vogels entdeckt. *Genyornis* heißt zu deutsch „Kiefer-Vogel". Der Artname *newtoni* erinnert an den britischen Zoologen und Ornithologen Alfred Newton (1829–1907).

Fossile Reste von *Genyornis* liegen aus allen australischen Bundesländern vor. Fossilien von *Genyornis* fand man am Lake Callabonna, Baldina Creek, Mont Gambier, Salt Creek bei Normanville und in den Naracoorte-Höhlen in Süd-Australien sowie in den Wellington Caves und in Cuddie Springs in New South Wales. Eierschalen-Fragmente hat man in Sanddünen von Süd-Australien entdeckt. Mutmaßliche Fußspuren kennt man vom Mount Cameron in Tasmanien und aus dem südlichen Victoria.

Australischer Anthropologe
Edward Charles Stirling (1848–1919)

Australischer Ornithologe
Amandus Heinrich Christian Zietz (1839—1921)

Britischer Zoologe und Ornithologe
Alfred Newton (1829–1907)

Genyornis ist bisher die einzige Gattung der Donnervögel, von der ein im anatomischen Zusammenhang gefundenes Skelett vorliegt. Sein Schädel hatte eine keilförmige Form und ähnelte demjenigen einer heutigen Magpie-Gans *(Anseranas semipalmata)* aus Australien. Sein Schnabel war weniger hoch und weniger seitlich abgeflacht als derjenige anderer Donnervögel wie *Dromornis* und *Bullockornis*. Für einen Vogel ungewöhnlich ist der stark verknöcherte Unterkiefer.

Die massiv gebauten Hinterbeine von *Genyornis* waren muskulös. An den Füßen befanden sich keine einziehbaren Krallen wie bei einem Raubvogel, sondern hufartig endende Zehen. Biomechanische Studien ergaben, dass *Genyornis* relativ schnell laufen konnte.

Obwohl man bisher noch keine Nahrungsreste von *Genyornis* kennt, hält man ihn für einen Pflanzenfresser. Aminosäuren-Analysen an Eierschalen deuten auf eine pflanzenfressende Ernährung. *Genyornis* schluckte offenbar Kieselsteine, die man in der Region seines Muskelmagens fand. Durch diese Magensteine (Gastrolithen) wurde die vor allem aus Blättern bestehende Nahrung zerkleinert. An manchen Fundstellen hat man zahlreiche Fossilien von *Genyornis* geborgen. Dies lässt den Schluss zu, *Genyornis* habe in Herden gelebt. Fleischfresser dagegen treten meistens einzeln oder in kleiner Zahl auf.

Intakte Eier von *Genyornis* wogen schätzungsweise bis zu 1,6 Kilogramm. Sie hatten fast das doppelte Volumen eines Emu-Eies aus der Gegenwart. Ihre Form war weniger langgestreckt und die Schale glatter als bei einem Emu-Ei. An manchen Eierschalen-Fragmenten von *Genyornis* sind Löcher zu erkennen, deren Größe dafür spricht, dass sie vom Tasmanischen Teufel *(Sarcophilus harrisii)* oder vom Tüpfel-Beutelmarder *(Dasyurus viverrinus)* erzeugt wurden.

Untersuchungen an *Genyornis*-Eierschalen, die man in der Umgebung des Eyre-See (Lake Eyre) in Südaustralien barg, verrieten, dass die Bestände dieses Donnervogels plötzlich vor etwa 50.000 Jahren zusammenbrachen. Vielleicht ist *Genyornis* infolge intensiver Bejagung durch Aborigines ausgestorben. Diese Ureinwohner haben vor etwa 60.000 bis 40.000 Jahren von Norden her Australien besiedelt. Die

*Tasmanischer Teufel oder Beutelteufel
(Sarcophilus harrisii)*

Austrocknung des Lebensraumes von *Genyornis* erfolgte erst 40.000 bis 35.000 Jahre nach dem Aussterben. Manche Experten glauben, *Genyornis* und Aborigines hätten mindestens 15.000 Jahre nebeneinander existiert.

In der Narwala Gabarnmang-Höhle im Northern Territory im Arnhem Land haben sich bereits vor rund 45.000 Jahren Aborigines aufgehalten und irgendwann prächtige Höhlenmalereien geschaffen. Unter den Tiermotiven befinden sich auch Darstellungen zweier großer Vögel, die vielleicht Donnervögel der Gattung *Genyornis* zeigen. Diese Höhle gehört heute dem Stamm der Jawoyn, für die sie ein Ort ist, um mit ihrer Vergangenheit und ihren Vorfahren in Verbindung zu treten.

2008 entdeckten Ray Whear und Chris Morgan von der „Jawoyn Association Aboriginal Corporation" zahlreiche Felsbilder im westlichen Arnhem Land. Auf einem dieser Felsbilder erkannten sie 2009 zwei große Laufvögel. Sie vermuteten, diese Darstellungen zeigten den ausgestorbenen Donnervogel *Genyornis newtoni*. Als sie ein Foto von diesem Felsbild an den Paläontologen Peter Murray schickten, bestätigte dieser Ähnlichkeiten mit *Genyornis*. Über Felsbilder mit Darstellungen ausgestorbener Tiere aus dem Arnhem Land wird seit den frühen 1970-er Jahren diskutiert. Ihr Alter ist umstritten.

Barawertornis

Als kleinste und leichteste Art der flugunfähigen Donnervögel in Australien gilt *Barawertornis tedfordi* mit einem Lebendgewicht von schätzungsweise nahezu 80 Kilogramm. Über diesen vom Oberoligozän bis zum Miozän vorkommenden Laufvogel heißt es, er sei größenmäßig mit einem heutigen Kasuar vergleichbar. Die größten heute in Australien vorkommenden Helmkasuare *(Casuarius casuarius)* sind bis zu 1,70 Meter hoch sowie 80 bis 95 Kilogramm schwer.

Richard H. Tedford und Alan Lloyd haben 1963 an der Fundstelle Riversleigh (auch „Riversleigh World Heritage Area" genannt) im nordwestlichen Queensland fossile Laufvogel-Reste entdeckt. 1979

Kasuare der Art Casuarius casuarius.
Aquarell des britischen Tiermalers
Henry Constantine Richter (1821–1902),
Orginal im „Museum Victoria"

beschrieb die australische Paläontologin Patricia Vickers-Rich vier fossile Knochen von Riversleigh und bezeichnete die bisher unbekannte Art nach Richard H. Tedford als *Barawertornis tedfordi*. Die Fossilien von Riversleigh stammen aus dem späten Oligozän und frühen Miozän. Demnach handelt es sich bei *Barawertornis* um einen der am frühesten auftretenden Donnervögel. Bisher ist nur eine einzige Art der Gattung *Barawertornis* bekannt, nämlich die erwähnte Spezies *Barawertornis tedfordi*.

Später fand man weitere Knochenreste. Peter F. Murray und Patricia Vickers-Rich machten 2004 fragmentarisch erhaltene Knochen von *Barawertornis tedfordi* bekannt. Über weitere Funde dieser Art von der Fundstelle Riversleigh informierten 2010 die australischen Wissenschaftler Jacqueline M. T. Nguyen, Walter E. Bolles und Suzanne J. Hand. Der Donnervogel *Barawertornis tedfordi* war eine leichtfüßige Art, die einst in Wäldern lebte und sich vermutlich von Pflanzen ernährte.

Riversleigh gilt als eine der wichtigsten Fossilien-Fundstellen in Australien. Ein Teil der dortigen Funde stammt aus dem Oberoligozän und ist rund 25 Millionen Jahre alt. Scit 1994 ist es eine Stätte des UNESCO-Weltnaturerbes. Das fossilienreiche Gebiet umfasst eine Fläche von etwa 100 Quadratkilometern. Es ist eine wichtige Fundstelle für Fossilien von Säugetieren aus dem Oligozän und Miozän sowie Teil des Boodjamulla-Nationalparks. Die Fossilien von Riversleigh sind in Kalkstein eingeschlossen, der sich in kalkreichen Süßwasserbecken und Höhlen bildete, als sich der Regenwald zum Grasland wandelte.

Zum Fundgut von Riversleigh gehören Knochenfunde des bizarren Beuteltieres *Yalkaparidon,* des fleischfressenden Rattenkänguru *Ekaltadeta,* des Känguru *Gangaroo* mit Reißzähnen, des Riesenwombat *Silvabestius,* des Beutellöwen *Wakaleo* und *Priscileo,* des Bergbilchbeutlers, des Beutelwolf-Vorläufers *Nimbacinus,* des Riesen-Schnabeltiers *Obdurodon,* der Blattnasen-Fledermaus *Brachipposideros,* des Koala *Nimiokoala,* des Nasenbeutler *Yarala* und des kleinen Possum

Schottischer Major und Naturforscher
Livingstone Mitchell (1792–1855),
Gemälde eines unbekannten Künstlers aus den 1830-er Jahren

Paljara. Durch Fossilien nachgewiesen sind auch der Greifvogel *Pengana* und der urzeitliche Leierschwanz *Menura tyawanoides*. Außerdem fand man fossile Reste der Krokodile *Trilophosuchus* und *Baru*, des Riversleigh-Python *Montypythonoides* sowie ausgestorbener Schlangen (*Yurlunggur, Nanowana* und *Wonambi*).

Funde von Laufvögeln in Australien

Einer der ersten Entdecker fossiler Reste großer ausgestorbener Laufvögel in Australien war der aus Grangemouth in Schottland stammende Major Livingstone Mitchell (1792–1855). Er erforschte 1830 einige Höhlen im Wellington Valley und fand dabei erstmals Knochen von Donnervögeln und anderen Vögeln sowie von Beuteltieren. 1839 bildete er einen 46 Zentimeter langen Oberschenkelknochen in einer Publikation ab.

Am 25. April 1866 entdeckte der katholische Geistliche Julian Edmund Tenison-Woods (1832–1881) zwei Schienbeinknochen und zwei Laufbeinknochen von einem ausgestorbenen und sehr großen Vogel. In einer ersten Publikation erwähnte er 1866, er habe diese fossilen Knochen am Rand eines Sumpfes, 14 Meilen (umgerechnet mehr als 22 Kilometer) nordwestlich von Penola, geborgen. Angeblich wiesen jene Knochen alte Kratzspuren auf. Woods verwendete für seine Vogelknochen-Funde den Namen „*Dromaius australis*". 1882 teilte er in einer weiteren Publikation mit, die Vogelknochen hätten in einem Müllhaufen der Aborigines in Südaustralien gelegen. Der Paläontologe Robert Etheridge junior (1847–1920) erwähnte 1889 die Funde von Woods in seinem Werk über die Dromornithiformes nicht. Der Anthropologe Edward Charles Stirling und Amandus Heinrich Christian Zietz wiesen 1900 auf Widersprüche in den Berichten von Woods hin. Unglücklicherweise ist der Aufbewahrungsort der von Woods gefundenen Knochen, die für das zeitgleiche Nebeneinander von Menschen und Donnervögeln aufschlussreich sein könnten, nicht mehr bekannt.

*Der Geistliche William Branwhite Clarke (1798–1878)
gilt als „Vater der australischen Geologie"*

1869 berichtete der anglikanische Geistliche William Branwhite Clarke (1798–1878), der zugleich Geologe für New South Wales war, in den Peak Downs von Queensland zwischen Lord's Table Mountain und dem Ende des Theresa Creek, nahe der Bahnlinie von Clermont nach Braod Sound, sei ein großer Vogel entdeckt worden. Clarke und Gerard Krefft (1830–1881), Kurator am „Australian Museum" in Adelaide, vermuteten irrtümlicherweise, der Oberschenkelknochen sei identisch mit demjenigen des Riesen-Moa *Dinornis* aus Neuseeland. Krefft war ein gebürtiger Braunschweiger und 1852 als junger Mann nach Australien gekommen. Er gilt heute als einer der ersten und berühmtesten Zoologen und Paläontologen von Australien. Der britische Zoologe und Paläontologe Richard Owen (1804–1892) hielt den erwähnen Oberschenkelknochen für eine neue Gattung und Art, die er 1872 *Dromornis australis* nannte.

1876/1877 schickte Reverend Clarke ein fragmentarisch erhaltenes Schulterblatt (Synsacrum) von einem anderen großen ausgestorbenen Vogel aus Australien an Owen. Dieses Fossil war von Amandus Heinrich Christian Zietz in einer Goldmine bei Mudgec in New South Wales in einer Tiefe von etwa 61 Metern entdeckt worden. Diesen Fund und ein fragmentarisch erhaltenes Schienbein aus einer Höhle in den Gambier Range ordnete Owen 1879 einem Vogel zu, der so groß sei wie der 1872 von ihm beschriebene *Dromornis australis*. Das Schulterblatt-Fragment lässt sich heute nur allgemein den Donnervögeln und keiner bestimmten Gattung oder Art zuweisen.

R. M. Robertson entdeckte im Flussbett des Salt Creek bei Normansville in Südaustralien eine Reihe fossiler Knochen, die vermutlich von dem Donnervogel *Genyornis* stammen. Diese Funde wurden 1900 lediglich brieflich von Stirling und Zietz erwähnt und danach weder vermessen, noch beschrieben. Ihr Aufbewahrungsort ist das „South Australian Museum" in Adelaide.

Der britisch-australische Geistliche, Zoologe und Museumsdirektor Charles Walter de Vis (1829–1915) berichtete 1884 über einen fragmentarisch erhaltenen Oberschenkelknochen, der vermutlich am

Gerard Krefft (1830–1881),
Kurator am „Australian Museum" in Adelaide

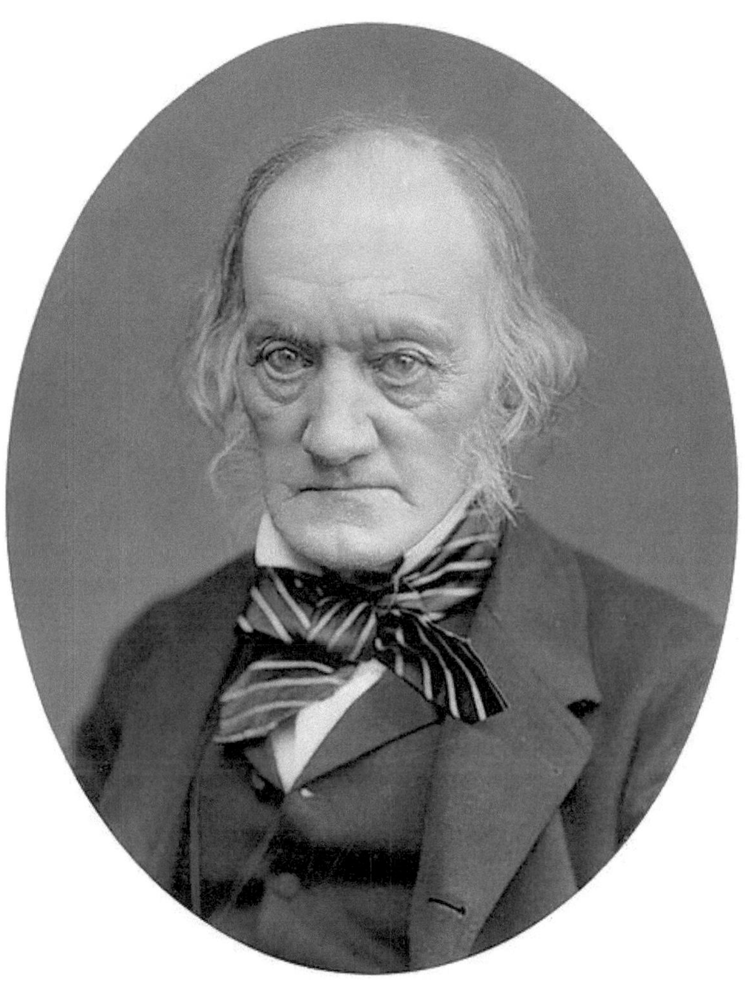

Britischer Zoologe und Paläontologe
Richard Owen (1804–1892)

*Heutiger Großer Emu (Dromaius novahollandiae)
im „Louisville Zoo" (Kentucky)*

King's Creek in Queensland entdeckt und im „Queensland Museum" aufbewahrt wurde. De Vis bezeichnete diesen Fund als *Dinornis queenslandiae.* Er gab seinem „Queensland-Moa" den Gattungsnamen der Riesen-Moa auf Neuseeland. Der neuseeländische Paläozoologe Ron J. Scarlett (1911–2002) korrigierte 1969 diesen Irrtum.
1889 fand man nahe „Cainwarra Station" in „Thorbindah" (vielleicht Thorlinda am Paroo River) einen fragmentarisch erhaltenen Unterschenkelknochen. Dieser Fund wurde an den Geologen A. S. Cotter geschickt. Der Paläontologe Robert Etheridge identifizierte 1889 jenes Fossil als Wadenbein und ordnete es der bereits bekannten Art *Dromornis australis* zu. Im selben Jahr entdeckte Amandus Heinrich Christian Zietz einen fragmentarisch erhaltenen Oberschenkelknochen vom Baldina Creek bei Burra in Südaustralien, der nach seiner Ansicht *Genyornis newtoni* ähnelte.
Eine der wichtigsten Entdeckungen von Donnervögeln glückte 1892 am Salzsee Lake Callabonna. Ein Aborigine informierte Frederick Brandis Ragless (1859–1953) über den Fund ungewöhnlich großer Knochen. Daraufhin besichtigte dessen Mitarbeiter John Meldrum die Fundstelle am Lake Callabonna, barg einige Knochen und brachte diese zum „South Australian Museum" in Adelaide. Die Funde weckten das Interesse der Museumsleute. Man entschloss sich zu einer Expedition zum Fundort, die im Januar 1893 unter der Leitung von Henry Hurst startete und zahlreiche Fossilien barg. Im April 1893 meldete der britische Zoologe und Ornithologe Alfred Newton (1829–1907) die Entdeckung eines großen Straußen-Vogels in der renommierten wissenschaftlichen Zeitschrift „Nature". Amandus Heinrich Christian Zietz und für kurze Zeit auch der Anthropologe Edward Charles Stirling ersetzten im August 1893 Hurst als Leiter der Ausgrabungen und bargen Reste der fossilen Vögel *Genyornis* und *Dromaius* sowie einiger Beuteltiere. Stirling und Zietz beschrieben 1896 erstmals den Donnervogel *Genyornis newtoni*, dessen Artname an den britischen Zoologen und Ornithologen Alfred Newton erinnert. In ihren Publikationen von 1896, 1900, 1905 und 1913 beschrieben Stirling und Zietz zahlreiche

Fossilien von *Genyornis* vom Lake Callabonna. Dazu gehörten sechs Oberschenkelknochen, 21 Laufknochen und Unterschenkelknochen, ein Brustbein, ein teilweise erhaltener Schädel und Teile eines zweiten Schädels mit einem Unterkiefer, ein kompletter Flügel und Teile eines weiteren Flügels, Brust-, Lenden- und Schwanzwirbel.

Anfang des 20. Jahrhunderts entdeckten der Geologe und Geograf John Walter Gregory (1864–1932) und seine Studenten weitere Fundstätten und bargen im Great Artesian Bassin in Südaustralien fossile Reste von Donnervögeln. Vom „Emu Camp" von Gregory und von der Fundstelle „Lower Cooper Locality 2" stammen ein Laufknochen und Wirbel der Wirbelsäule, die im „Hunterian Museum" in Glasgow (Schottland) aufbewahrt werden. Auch unter den Funden von 1910 aus der Höhle „Mammoth Cave" in Westaustralien befand sich ein einzelner Wirbelknochen von einem Donnervogel.

Der Mineraloge Charles Anderson (1876–1944) und die Ornithologin Jane Ada Fletcher (1870–1956) machten 1934 eine große Konzentration fossiler Vogelknochen in Flussablagerungen von Cuddie Springs bei Brewarrina unweit der Bahnstation „Gelgoine ‚Station" in New South Wales bekannt. Die dort geborgenen Vogelknochen stammten alle von *Genyornis newtoni*.

1954 entdeckten Ruben Arthur Stirton und andere Forscher fossilhaltige Ablagerungen aus dem Tertiär im Lake Eyre-Becken in Südaustralien. An einer der Fundstellen namens Lawson Quarry an der Westseite des Lake Palankarinna kamen Brust- und Lendenwirbel eines Donnervogels zum Vorschein. Während der 1950-er Jahre stieß man am Warburton River und Cooper's Creek auch auf eine Reihe von Fundstellen aus dem Eiszeitalter mit Fossilien von Donnervögeln. An der Fundstelle „Leaf Locality" am Lake Ngapakaldi im nördlichen Australien barg man 1962 etliche Zehenglieder und ein Wirbelfragment von einem Donnervogel.

Ebenfalls 1962 stieß Charles H. Taylor in der „Old Endurance Tin Mine" bei South Mount Cameron, etwa fünf Meilen nördlich von Pioneer auf Tasmania, in Ablagerungen aus dem Mitteltertiär auf Hunderte von dreizehigen Fußabdrücken, die vermutlich von Donnervögeln erzeugt wurden. Diese Fußabdrücke hatten eine Länge von 14,7 bis 24 Zentimetern und ließen sich keiner bestimmten Gattung oder Art zuweisen. Von Donnervögeln der Gattung *Genyornis* könnten auch Fußabdrücke von Vögeln in einem Gebiet mit Sanddünen aus dem Eiszeitalter im südlichen Victoria stammen.

Richard H. Tedford und Alan R. Lloyd gebührt die Ehre, 1963 die ersten Entdecker von Donnervögeln an der Fundstelle Riversleigh in Queensland gewesen zu sein. In der Folgezeit hat man weitere Fossilien von Donnervögeln gefunden. In der zwischen dem Obermiozän und dem Unterpliozän entstandenen „White Formation" von „Alcoota Homestead" im Northern Territory barg man 1962/1963 fossile Reste von *Dromornis* und *Ilbandornis*. 1968 berichteten Michael Plane und C. Gatehouse über zwei Donnervogel-Arten aus den „Camfield Beds" bei Bullock Creek im Northern Territory. Dabei handelte es sich um *Bullockornis planei* und *Bullockornis sp.*

In den 1930-er Jahren entdeckte der zehnjährige Victor („Vic") Roberts in einer Sanddüne südlich des Scott River bei Augusta in Western Australia ein riesiges Vogel-Ei. Der Fundort liegt etwa 200 Kilometer südlich von Perth und ist rund 100 Meter von der Meeresküste entfernt. Als „Vic" bemerkte, wie schwer dieses Ei war, machte er ein Loch in der Schale und entleerte den Inhalt, der ihm wie Sand erschien. Der Fossiliensammler Harry Butler erblickte 1962 in einem Farmhaus in Nannup diesen ungewöhnlichen Fund und informierte darüber das „Western Australian Museum" in Perth. Großzügigerweise überließ der Entdecker „Vic" Roberts das seltene Fossil dem Museum als Leihgabe. Das so genannte „Scott River-Ei" ist 27,6 Zentimeter lang, maximal 20,7 Zentimeter hoch und hat eine bis zu 4 Millimeter dicke Schale. 1968 erzählte der 46-jährige „Vic", der inzwischen ein angesehener Viehzüchter und Lokalpolitiker war, einer Zeitung in Western Australia nur „einen Katzensprung" von dem Vogel-Ei entfernt, habe er damals zumindest einen Teil eines Skeletts mit seinem sehr großen Schädel und Schnabel gesehen. Weil sich die Sanddünen durch Wind ständig

Das in den 1930-er Jahren in einer Sanddüne
südlich des Scott River bei Augusta in Western Australia
entdeckte „Scott River-Ei".
ist 27,6 Zentimeter lang, maximal 20,7 Zentimeter hoch
und hat eine bis zu 4 Millimeter dicke Schale.

verschoben und verändert hätten, habe er die Skelettreste später nicht mehr finden können.

Drei australische Schüler stießen Weihnachten 1992 in einer Sanddüne, etwa 7 Kilometer nördlich von Cervantes in Western Australia sowie rund 300 Meter von der Meeresküste entfernt, auf ein noch größeres Vogel-Ei. Jenes Ei ist 31,7 Zentimeter lang und hat eine bis zu 3,45 Millimeter dicke Schale. Ein Artikel in der Zeitung „The Sunday Times" vom 21. März 1993 über diesen Fund erregte großes Aufsehen. Es folgten Versuche der Entdecker, das Riesen-Ei zu verkaufen, und Diskussionen über die Eigentümerrechte, weil das Fossil auf Regierungsland geborgen worden war. Schließlich zahlte die Regierung von „Western Australia" freiwillig 25.000 Dollar an die Familien der Entdecker und das Riesen-Ei kam in das „Western Australian Museum" in Perth, wo es unter der Fundnummer „WAM93.9.1" aufbewahrt wird. John A. Long berichtete 1993 in der wissenschaftlichen Publikaton „Australian Natural History" über das „Cervantes-Ei". 1998 befassten sich John A. Long, Patricia Vickers-Rich, Karl F. Hirsch, Emily Bray und Claudio Tuniz mit den 1930 und 1992 in Western Australia entdeckten Riesen-Eiern. Größe und Struktur dieser Riesen-Eier deuten nach ihrer Ansicht darauf hin, dass es sich um fossile Eier des Elefantenvogels *Aepyornis maximus* auf der Insel Madagaskar im Indischen Ozean vor Ostafrika handelt. Datierungen mit der Radio-karbon-Methode ergaben ein Alter von etwa 2.000 Jahren für das „Cervantes-Ei". Die Forscher Long, Vickers-Rich, Hirsch, Bray und Tuniz vermuteten, das „Scott River-Ei" und das „Cervantes-Ei" seien auf dem Indischen Ozean von Madagaskar nach Australien geschwemmt und nicht durch Menschen dorthin gebracht worden. Auch Eier heute lebender Vögel werden zuweilen von weit her auf dem Ozean nach Western Australia transportiert. Auf diese Weise sind im Januar 1974 und im März 1991 Eier des auf subarktischen Inseln brütenden Königs-Pinguins *(Aptenodytes patagonicus)* aus riesiger Entfernung nach Western Australia gedriftet. Ein Ei von einem Afrikanischen Strauß *(Struthio camelus)* wurde in den frühen 1990-er Jahren beim Fischfang in der Timor-See nordwestlich der Küste von Western Australian im Netz geborgen.

Von einem Donnervogel stammt vermutlich ein Eierschalen-Fragment, das an der Fundstelle „Snake Dam Locality" bei der Bahnstation „Muloorina Station" nördlich von Maree in Südaustralien geborgen wurde und wahrscheinlich aus dem Mittelmiozän stammt.

Fossile Knochen von Donnervögeln barg man auch an zwei Fundstellen in Südaustralien oder Queensland. Eine dieser Fundstellen liegt auf Brothers Island, die andere heißt Diamantina und befindet sich vielleicht in Südaustralien oder Queensland. Die Fundgeschichte dieser Fossilien, die im „South Australian Museum" in Adelaide aufbewahrt werden und vermutlich von *Genyornis* stammen, ist nicht bekannt.

Donnervögel der Indianer

Als Donnervogel („Thunderbird") wird auch ein gewaltiges und mächiges Fabelwesen aus der Mythologie nordamerikanischer Indianer bezeichnet. Der Donnervogel „Wakinyan" („heilige Schwingen") der Lakota beispielsweise soll eine Flügelspannweite von zwei Kanus besessen haben. Mit einem Schlag seiner Flügel konnte er angeblich Stürme auslösen und Wolken zusammenballen. Der Donner galt als Geräusch seines Flügelschlages und Blitze wurden als leuchtende Schlangen gedeutet, die der Donnervogel mit sich trug. Auf Masken von Indianern wird der Donnervogel manchmal mit zwei gedrehten Hörnern auf dem Kopf und mit Zähnen im Schnabel dargestellt. Bei manchen Stämmen galt der Donnervogel als Einzelwesen, bei anderen trat er in größerer Zahl auf. Übereinstimmend in alten Erzählungen ist, dass er intelligent, mächtig und zorngeladen sei und man ihn auf keinen Fall verärgern sollte. Laut Mythen von Indianern an der nordamerikanischen Pazifikküste lebte der Donnervogel als Götterbote und Diener des „Großen Geistes" auf dem Gipfel eines Berges. Kanadische Indianer erzählten von Donnervögeln, die sich in Menschen verwandeln konnten, indem sie ihren Schnabel wie eine Maske abnahmen und aus ihrem Federkleid schlüpften. Bei den Kwakiutl, Haida und Tlingit an der Westküste heißt es, der Donnervogel töte Wale mit mythischen Lichtschlägen und fresse sie. Seit dem Eintreffen der ersten weißen Siedler in Nordamerika soll es immer wieder Sichtungen lebender Donnervögel gegeben haben.

Literatur

AUSTRALIAN DICTIONARY OF BIOGRAPHY
http://adb.anu.edu.au
GUNN, Robert G. / DOUGLAS, Leigh C. / WHEAR, Ray L.: What bird is that? Identifying a Probable Painting of *Genyornis newtoni* in Western Arnhem Land. Australian Archaeology, Number 73, Dezember 2011
GUNN, Robert G. / WHEAR, Ray L.: The Jawoyn Rock Arrt and Heritages Project. Rock Art Research 24(1), S. 5–20, Melbourne 2007
LONG, John A. / VICKERS-RICH, Patricia / HIRSCH, Karl F. / BRAY, Emily / TUNIZ, Claudio: The Cervantes egg: an early Malagasy tourist to Australia. Records of the Western Australian Museum 19, S. 39–46, Perth 1998
MONROE, H. M.: Bullockornis („Bullock Bird“): In: Australia The Land Where Time Began. A Biography oft the Australian continent http://austhrutime.com/index.htm
MURRAY, Peter F.: Magnificent Mihirungs: The Colossal Flightless Birds of the Australian Dreamtime, Indiana Bloomington 2003
NGUYEN, Jacqueline M. T. / BOLES, Walter E. / HAND, Suzanne J. : New Material of *Barawertornis tedfordi*, a Dromornithid Bird from the Oligo-Miocene of Australia and is Phylogenetic Implications. Records of the Australian Museum, Vol. 62, S. 45–60, Syndney 2010
STIRLING, Edward Charles / ZIETZ, Amandus Heinrich Christian: Preliminary notes on *Genyornis newtoni*, a new genus and species of

fossil Struthious bird, found at Lake Callabonna, South Australia. Transactions of The Royal Society of South Australia, 20, S. 171–211, Adelaide 1896

VICKERS-RICH, Patricia: The Dromornithidae, an extinct family of large ground birds endemic to Australia – Bureau of National Resources, Geology and Geophysics Bulletin 184: S. 1–196, Canberra 1979

VICKERS-RICH, Patricia / GILL, Edmund G.: Possible Dromornithid footprints from Pleistocene dune deposits sand of southern Victoria, Australia. Emu – Austral Ornithologie 76, S. 221–223, Collingwood, Victoria 1976

VICKERS-RICH, Patricia / GREEN, Robert H.: Footprints of birds at South Mr. Cameron, Tasmania. Emu – Austral Ornithologie 74(4), S. 245–248, Collingwood, Victoria 1974

WIKIPEDIA (Online-Lexikon) *Bullockornis*
http://de.wikipedia.de/wiki/Bullockornis
WIKIPEDIA (Online-Lexikon) *Genyornis*
http://de.wikipedia.org/wiki/Genyornis
WIKIPEDIA (Online-Lexikon) Stirton-Donnervogel
http://de.wikipedia.org/wiki/Stirton-Donnervogel
WIKIPEDIA (Online-Lexikon) Patricia Vickers-Rich
http://de.wikipedia.org/wiki/Patricia_Vickers-Rich

Bildquellen

Gabelthiere, Zweite umgearbeitete und vermehrte Auflage, Kolorirte Ausgabe, Leipzig (1883): 28 (via Wikimedia Commons), Lizenz: gemeinfrei (Public domain)
Reproduktion eines Gemälde des britischen Tiermalers Henry Constantin Richter (1821–1902), Original im Museum Victoria: 20
Reproduktion eines Gemäldes eines unbekannten Künstlers aus den 180-er Jahren: 32
Reproduktion eines Porträts eines unbekannten Künstlers aus einem Werk von 1916: 34 (via Wikimedia Commons), Lizenz: gemeinfrei (Public domain)
Reproduktion eines Porträtfotos eines unbekannten Fotografen von 1857: 36 (via Wikimedia Commons), Lizenz: gemeinfrei (Public domain)
Reprodukton eines Porträtfotos eines unbekannten Fotografien aus den 1870-er Jahren: 37 (via Wikimedia Commons), Lizenz: gemeinfrei (Public domain)
Ltshears / CC-BY-SA3.0: 38 (via Wikimedia Commons), lizensiert unter CreativeCommons-Lizenz by-sa-3.0-en, http://creativecommons.org/licenses/by-sa/3.0/legalcode
Antje Püpke, Berlin, www.fixebilder.de: 42
Svtiste / CC-BY-SA3.0: 51 (via Wikimedia Commons), lizensiert unter CreativeCommons-Lizenz by-sa-3.0-de, http://creativecommons.org/licenses/by-sa/3.0/legalcode
Klaus Benz, Fotograf, Mainz-Laubenheim: 52
Monika Betley (Dixi): 54 (via Wikimedia Commons), Lizenz: gemeinfrei (Public domain)

Teile des Vogelskeletts

1 Schädel (Cranium)
2 Halswirbel
3 Gabelbein (Furcula)
4 Rabenbein (Coracoid)
5 Rippe
6 Brustbeinkamm (Carina sterni)
7 Kniescheibe (Patella)
8 Tarsometatarsus
9 erste Zehe
10 Tibiotarsus
11 Wadenbein (Fibula)
12 Oberschenkelknochen
13 Schambein
14 Sitzbein
15 Darmbein
16 Schwanzwirbel
17 Pygostyl
18 Synsacrum
19 Schulterblatt
20 Notarium
21 Oberarmknochen (Humerus)
22 Elle (Ulna)
23 Speiche
24 Carpometacarpus
25 Digitus minor
26 Digitus major
27 Daumen oder Alula (Digitus alulae)

Quelle: Wikipedia

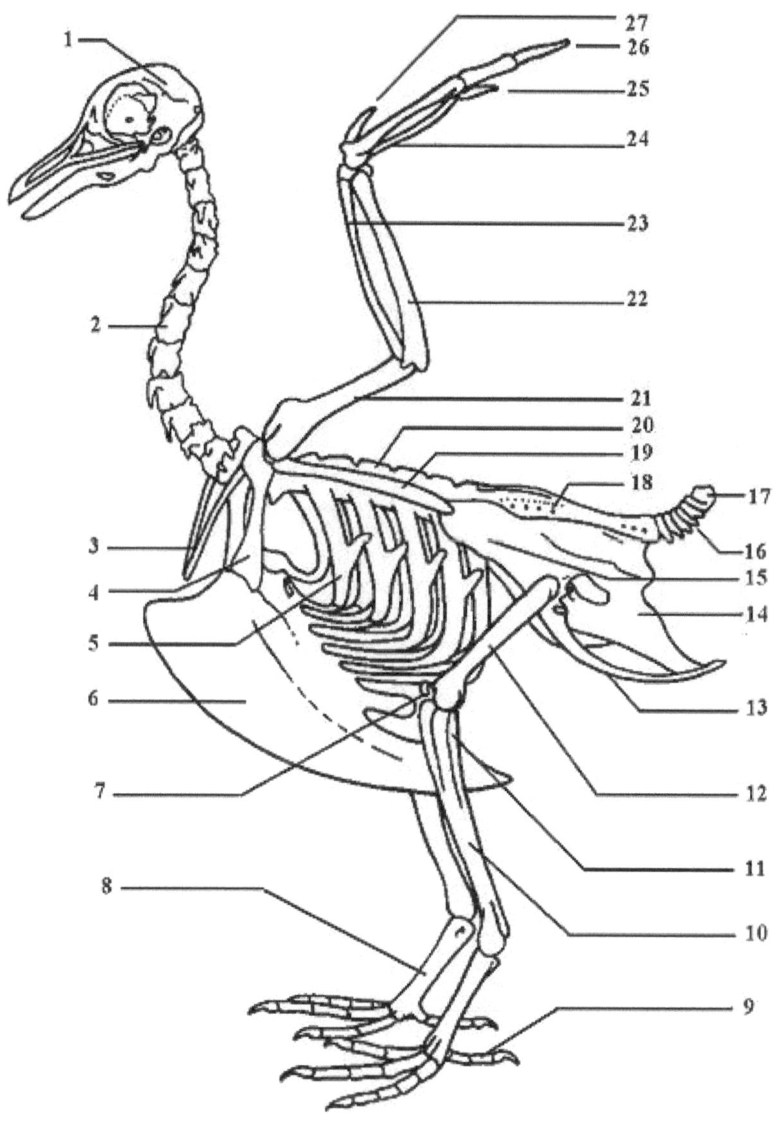

Autor Ernst Probst

Der Autor

Ernst Probst, geboren am 20. Januar 1946 in Neunburg vorm Wald im bayerischen Regierungsbezirk Oberpfalz, ist Journalist und Wissenschaftsautor. Er arbeitete von 1968 bis 1971 als Redakteur bei den „Nürnberger Nachrichten", von 1971 bis 1973 in der Zentralredaktion des „Ring Nordbayerischer Tageszeitungen" in Bayreuth und von 1973 bis 2001 bei der „Allgemeinen Zeitung", Mainz. In seiner Freizeit schrieb er Artikel für die „Frankfurter Allgemeine Zeitung", „Süddeutsche Zeitung", „Die Welt", „Frankfurter Rundschau", „Neue Zürcher Zeitung", „Tages-Anzeiger", Zürich, „Salzburger Nachrichten", „Die Zeit", „Rheinischer Merkur", „Deutsches Allgemeines Sonntagsblatt", „bild der wissenschaft", „kosmos", „Deutsche Presse-Agentur" (dpa), „Associated Press" (AP) und den „Deutschen Forschungsdienst" (df). Aus seiner Feder stammen die Bücher „Deutschland in der Urzeit" (1986), „Deutschland in der Steinzeit" (1991), „Rekorde der Urzeit" (1992), „Dinosaurier in Deutschland" (1993 zusammen mit Raymund Windolf) und „Deutschland in der Bronzezeit" (1996). Von 2001 bis 2006 betätigte sich Ernst Probst als Buchverleger sowie zeitweise als internationaler Fossilienhändler und Antiquitätenhändler. Insgesamt veröffentlichte er mehr als 300 Bücher, Taschenbücher, Broschüren und über 300 E-Books.

Lebensbild des Laufvogels Gastornis (früher Diatryma genannt) von Monika Betley bei „Wikipedia"

Bücher von Ernst Probst

Aepyornis. Der Vogel, der die größten Eier legte
Archaeopteryx. Die Urvögel aus Bayern
Argentavis. Der größte fliegende Vogel
Brontornis. Riesenvögel in Argentinien
Dinornis. Der größte Vogel aller Zeiten
Dromornis. Der schwerste Vogel aller Zeiten
Gastornis. Der verkannte Terrorvogel
Harpagornis. Der größte Greifvogel der Neuzeit
Hesperornis. Der große Vogel des Westens
Pelagornis. Der größte Meeresvogel
Phorusrhacos. Der riesige Terrorvogel
Vogelriesen in der Urzeit. Rekorde gefiederter Giganten
Rekorde der Urzeit. Landschaften, Pflanzen und Tiere
Rekorde der Urmenschen. Erfindungen, Kunst
und Religion
Tiere der Urwelt. Leben und Werk
des Berliner Malers Heinrich Harder
Dinosaurier von A bis K. Von Abelisaurus
bis zu Kritosaurus
Dinosaurier von L bis Z. Von Labocania
bis zu Zupaysaurus
Dinosaurier in Deutschland
Dinosaurier in Baden-Württemberg
Dinosaurier in Bayern
Dinosaurier in Niedersachsen
Raub-Dinosaurier von A bis Z
Der Ur-Rhein. Rheinhessen vor zehn Millionen Jahren
Als Mainz noch nicht am Rhein lag
Der Rhein-Elefant. Das Schreckenstier von Eppelsheim

Bestellungen bei: www.grin.com